难倒老爸

科学解答看似简单的"孩子"问题

声音从哪来

纸上魔方 编

U0304642

适合 11~16岁 阅读

吉林科学技术出版社

图书在版编目（CIP）数据

声音从哪来 / 纸上魔方编. —— 长春：吉林科学技
术出版社, 2014.10（2023.1重印）
（难倒老爸）
ISBN 978-7-5384-8298-0

Ⅰ.①声⋯ Ⅱ.①纸⋯ Ⅲ.①声学－青少年读物
Ⅳ.①O42-49

中国版本图书馆CIP数据核字(2014)第219379号

难倒老爸

声音从哪来

编　　纸上魔方
出 版 人　李 梁
选题策划　赵 鹏
责任编辑　周 禹
封面设计　纸上魔方
技术插图　魏 婷
开　本　780×730mm　1/12
字　数　120 千字
印　张　10
版　次　2014年12月第1版
印　次　2023年1月第3次印刷
出　版　吉林科学技术出版社
发　行　吉林科学技术出版社
地　址　长春市净月开发区福祉大路5788号
邮　编　130118
发行部电话 / 传真　0431-85677817 85635177 85651759 85651628 85600611 85670016
储运部电话　0431-84612872
编辑部电话　0431-86037698
网　址　www.jlstp.net
印　刷　北京一鑫印务有限责任公司
书　号　ISBN 978-7-5384-8298-0
定　价　35.80 元

主人公介绍

桑德拉：女，41岁，性格开朗、机智博学，与儿子杰克犹如朋友。

杰克：男，10岁左右，桑德拉的独生子，聪明顽皮，但遇事鲁莽，经常落入凯瑞得设计的圈套。

凯瑞得：男，10岁左右，杰克的同班同学，是个犯坏、捣蛋的胖小子，但是他内心超脆弱，遇到一点挫折就会哭鼻子。

妮娜：女，10岁左右，桑德拉的外甥女、杰克的表妹，娇气但有正义感。

致小读者

  随着年龄的增长，孩子的小脑袋瓜里，时不时地就会冒出千奇百怪的想法。孩子们乐于动脑想一想，渴望动手做一做。正是这一思一做之间，增长了知识，充实了生活。让整个家庭充满乐趣，带来了很多有趣的回忆。

  对于孩子提出的各种问题，大人应该如何解释？对于不同年龄段的孩子，什么样的回答能够既让孩子听得懂，又能够从科学的角度解答孩子的疑惑呢？《难倒老爸》系列少儿科普图书关注孩子启蒙教育，真实汇集孩子方方面面感兴趣的问题，用玩中学的方法，从科学的角度解答孩子各种各样的"怪"问题。拉近大人与孩子的距离，开启科学王国的大门。从此让老爸面对孩子看似幼稚的问题时不再尴尬，让孩子在家庭启蒙教育上远远领先同龄人。

  《难倒老爸》系列少儿科普图书中《爆料人体》《空气是什么》《声音从哪来》《神秘搞怪的力》这4本书，图文并茂讲述了112个小故事、汇聚了112个科学实验。帮助孩子活学活用科学知识，提高手脑协调能力，将科学知识还原到生活当中去。让孩子和自己的小伙伴，以及大人们一起探索科学的奥秘，分享学习科学的无限乐趣。

另外，由于笔者能力及水平所限，本书编写过程中难免存在一些缺点和错误，欢迎广大读者来电来函批评指正，在此表示由衷的感激！

编者

2014年10月

目录

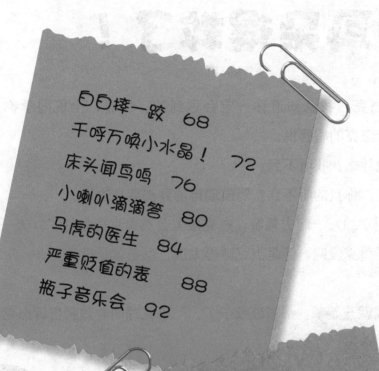

杰克的耳朵得救了！

"没关系，杰克，我就知道你一定会迟到的。快看，全班同学都在等你。"凯瑞得搂着杰克的肩膀说。

杰克："你说什么？我听不到。"

"啊，不会吧，你真的听不到？"凯瑞得凑到杰克耳边说。

原来，全班同学约好一起去郊游，杰克跟大公鸡萧克商量好了，天一亮就叫醒他。可不知是萧克没叫，还是杰克睡得太沉，反正就是没听见。

……

"天蒙蒙亮我就开始喊，都喊破嗓子了。"萧克呼扇着翅膀告诉杰克。

桑德拉：“穿针引线，亲爱的，把这根细绳穿过纸杯的杯底，两个杯子都一样。”

杰克用穿好线的缝衣针扎穿杯底，在杯口把线拽了出来。

桑德拉：“取下缝衣针，在线头打个大活结，没错，宝贝，这样一来线绳就不会脱落了。”

杰克把两个纸杯连在了一起，中间的线绳有两米多长。

桑德拉：“亲爱的，我要到屋子外面去，你关好门听我说话。”

杰克：“没用的，谢谢你为我操心，不过我的耳朵真的坏掉了。”

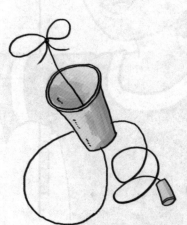

桑德拉离开了杰克的小屋，顺手关上房门，只留了一条小缝。她一直走到可以把细绳全部拉直的地方，才开始说话。天哪，杰克竟然听到了！

"我的耳朵好了！为什么，难道它们是包治百病的纸杯吗？"杰克一手抓着一个纸杯说。

桑德拉："没错，包治杰克的心病，逃避迟到受罚的心病！听着，宝贝，纸杯子的确起到了扩大音量的作用。"

"音量变大，我的房间再不需要电话了，是这样吗，桑德拉？"杰克将纸杯扣在耳朵上，兴奋地说。

电话的电

将声音转化成电磁波，利用电磁波能够长距离传输的特性把它送到我们耳朵里，这就是电话的基本原理。

如今的电话可是越来越棒了，无线的、有线的、智能的……品种越来越多，功能也越来越多。不过当初的电话用起来却麻烦极了，您得自己手摇供电，边摇边打。

"理论上是没错！不过，杰克，我没有那么多线绳和纸杯帮你装一部如此落后的土电话。"桑德拉无奈地说。

11

唱的什么歌曲

　　"信吗，老兄？它是全世界最新的产品，一张会唱歌的书桌！"凯瑞得拍着自己的桌子告诉杰克。

　　杰克："我的桌子也会唱，拍拍它就噼里啪啦响。"

　　凯瑞得："过来，哥们儿，妮娜也来。把耳朵贴在桌面上，听听我有没有骗你们！"

　　凯瑞得轻轻敲击桌肚，杰克似乎真的听到了声音，妮娜好像也听到了。

　　"再见，哥们儿，我很忙，我还有事要忙。"每当局面不好掌控，杰克都试图使个金蝉脱壳之计。

　　……

桑德拉："来吧，妮娜小姐，把你的气球放进盒子里，盖好盖子听我指挥。"

妮娜拿起刚才缴获的小气球，把它关进了一个鞋盒里。

桑德拉："亲爱的，轻轻敲击盒盖，耳朵贴过去听听。"

桑德拉："怎么样，妮娜，它并不是真正的歌唱家吧？现在，放掉气球的气，然后把水灌进它的肚子里。"

杰克负责灌水，妮娜帮忙撑着气球的嘴巴，最后灌成香瓜那么大一个水球，又扎紧了口。

桑德拉："好了，亲爱的，把灌了水的气球放进盒子，继续敲盒盖听声音！"

杰克："听啊妮娜。好像，我说好像，真是那个声。"

同样一个气球，当它的肚子里装的是空气，怎么试都不能唱出半句歌曲；但是当气球被灌了一肚子水之后，它竟然会唱歌了！

　　"咿呦咿呦呦，虽然搞不清唱的是啥，可是气球真的在唱歌！为什么，桑德拉？"杰克糊涂了。

　　桑德拉："不是气球唱，而是水珠在唱歌。听着，杰克，你可以想象有很多小水珠挤在气球的肚子里，是它们互相碰撞发出了声响。"

　　"可是桑德拉，一肚子气的气球为啥不唱歌呢？"妮娜问。

桑德拉："那是因为声音的传播需要一定的中介物，而空气的自身条件有点差。"

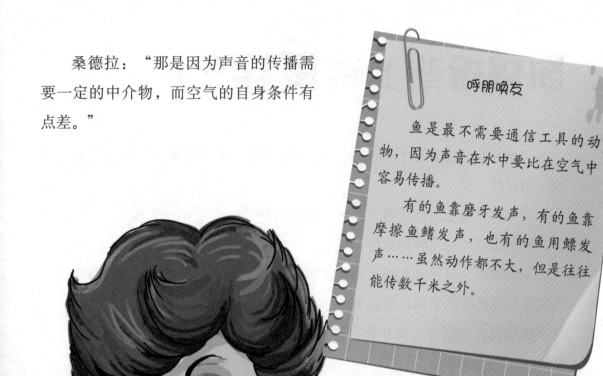

呼朋唤友

鱼是最不需要通信工具的动物，因为声音在水中要比在空气中容易传播。

有的鱼靠磨牙发声，有的鱼靠摩擦鱼鳍发声，也有的鱼用鳔发声……虽然动作都不大，但是往往能传数千米之外。

凯瑞得背上有耳朵？

"谁骗你棉花糖了？哥们儿，你可不能毁了我的声誉。"凯瑞得背对杰克，扭过脖子说。

杰克："你听到棉花糖了，什么牌子的？"

凯瑞得："花花牌棉花糖，我吃了一口就被吉姆抢了。"

凯瑞得两个耳朵都戴着大耳机，耳机外头还套着一顶棉帽，就这样背对着杰克。他竟然听到了棉花糖的事？

凯瑞得："我背上有耳朵，事实摆在眼前，你不信也不行，以后看你还敢不敢说我坏话。"

......

桑德拉："不错，杰克，像个因纽特人。请重复一遍，我说什么了？"

杰克站在桑德拉对面，大约10厘米远的地方，但是他的耳朵被堵上了，啥也没听到。

桑德拉："现在我要站到杰克身后去，贴着他的脊椎骨说话。"

桑德拉："杰克，我说你像个因纽特人，你觉得呢？"

杰克："是的，我听到了！"

桑德拉："没错，你听得很清楚。现在，用手指尖敲敲自己的牙齿，然后讲讲你的感受。"

杰克："咦，指头敲牙齿，好清脆的声音哦。"

塞住耳朵的杰克啥也听不到，即使桑德拉站在对面和他讲话也没用。但是，当桑德拉贴在杰克脊梁骨上说话时，杰克却一字不漏全听了去。

　　"难道我真的不需要耳朵了？可是你站在我前面和背后有啥区别呢？"杰克问。

　　桑德拉："区别就是，当我站在你面前，声音找不到进入耳朵的通道，无法去震动鼓膜，于是声音消失了。但是杰克，尽管耳朵堵上了，声音还可以通过你的骨骼传进耳朵里。"

　　妮娜："明白了，他敲牙齿发出的声音也是通过骨头传进耳朵的。"

休想找到我

在蝙蝠来看，飞蛾可是不可多得的美味，尤其是那种叫作夜蛾的大飞虫，但是蝙蝠要捕蛾却非常困难。

因为夜蛾的耳朵很奇妙，它们长在虫肚上，不仅数量众多，而且听觉非常灵敏。对了，这种特殊的耳朵可以刺探到蝙蝠发出的超声波，从而帮助夜蛾成功避开天敌。

桑德拉："没错，宝贝，不论通过什么途径，只有藏在耳朵里的鼓膜发生了震动，我们才可能听到声音。"

外耳道　耳锤骨　耳蜗　内耳道　鼓膜

轰隆隆，火车来了？

"能借你两根手指头用用吗，亲爱的哥们儿？"凯瑞得拎着一根细绳说。

杰克："不借，凭什么借我的？你也有十根，不够的话，还可以用脚指头。"

凯瑞得："这个屋子里藏着一列神秘小火车，兄弟你信吗？"

"不信，因为我什么都看不到。"杰克左看右看，终于在一分钟之后下了结论。

凯瑞得："但是我可以让你听到。如果不灵，这根绳子归你。"

……

杰克一会儿捂上耳朵，一会儿松手，他似乎真的听到了"轰隆隆"一阵回响。

桑德拉：“一列火车呼啸而过？杰克，能不能说说你是怎么捕捉到这个声音的？”

杰克找来一把勺子和一根细绳子，勺子把上有个孔，细绳长度约1米。

桑德拉：“亲爱的，如果我没猜错，你想把绳子穿进勺子把，对吗？”

杰克：“没错，你是怎么知道的？”

桑德拉：“我还知道，你想把细绳缠在手指头上，两只手都要缠。”

杰克：“天哪，就像你说的那样，妈妈帮个忙好吗？”

桑德拉：“当然了，乖儿子。伸出两根手指，妈妈要像缠绷带一样，绕几个圈圈上去。”

杰克家里没有火车，但是当他把缠好的手指头塞进耳孔，怪事发生了。没错，只要桑德拉晃动吊在绳上的勺子，杰克的耳朵里就会轰隆作响。

"哇，火车真是无处不在！为什么？"杰克用两根食指荡着线绳问。

桑德拉："其实，'轰隆隆'声并不是火车跑。听着，杰克，那不过是桑德拉敲勺子的声音被放大了。"

"不过，为什么堵上耳朵反倒听见了呢？"杰克继续追着问。

桑德拉："那是因为敲勺子的声音需要顺着棉线一路跑，才能把轻轻的响动变成轰鸣声，送到你耳朵里。"

长吁短叹

不论起动、退行，还是刹车……火车的声音有长有短，各有各的表达方式。

例如，一长三短表示有危险；三个短声表示就地制动，连续多个短声表示紧急停车……长声3秒、短声1秒，总之火车真的会说话。

闻歌翩翩舞

"说真的，兄弟，在你们眼里，黑芝麻只能变成黑芝麻糊，对吗？"凯瑞得抹了抹嘴边的糊糊，问杰克。

妮娜："还有黑芝麻汉堡和黑芝麻糖块！"

凯瑞得："黑芝麻会跳舞？"

杰克："当然敢想，只要你冲芝麻吹口气儿。"

……

凯瑞得把他会的歌谣统统唱了一遍，可是杯子里的黑芝麻似乎故意与他作对，始终没跳起舞来。

杰克："算了，哥们儿，这只能说明，你的歌声没有感染力。"

桑德拉："你唱歌它跳舞，其实这不是没可能，来吧杰克，请芝麻跳到纸杯里！"

杰克抓起十几颗黑芝麻粒，把它们投进了纸杯子。

桑德拉："好了，宝贝，我帮忙端杯子，杰克对着杯子外壳唱首歌。"

桑德拉："请吧，妮娜小姐。站在凳子上观察杯子里的状况。"

杰克开始唱歌了，对着那个有芝麻的杯子唱歌。

妮娜："跳了跳了！桑德拉快看。不对，桑德拉的手正在抖是不是？"

桑德拉："摸摸，快摸摸我的手，亲爱的，手没动，只是杰克打动了黑芝麻。"

桑德拉的手稳稳的，没有摇晃，杰克也没对杯口吹气，但是芝麻粒却在蹦蹦跳！这让杰克有点相信，或许自己的歌声真是太美妙了。

　　"为什么，芝麻真的听懂了音乐吗？"杰克问。

　　桑德拉："不是听懂了而是听到了。听着杰克，当你对着纸杯子唱歌时，声音产生的振动传给了杯子，小小的芝麻粒经不起颠簸，所以跳了起来。"

"凯瑞得也是这样做的，可是他的芝麻就是跳不了舞呀？"妮娜很奇怪。

杰克："因为凯瑞得的纸杯子是湿的，芝麻被粘住了。

不费嗓子

声带是重要的发声器官，不光对人重要，对动物也是一样，但是蟋蟀没有声带。

可是，为什么蟋蟀那么能唱呢？还整夜整夜地唱？原来，这些家伙在用翅膀唱歌，它们通过摩擦翅膀发出乐声。对了，特能唱的知了也是这样发声的。

超越萧克啼鸣声

凯瑞得："明天你还会迟到的，杰克，我没冤枉你吧？"

杰克："明天的事我怎么知道，你当然也不知道。"

凯瑞得："踢球迟到、郊游迟到……咳，我已经无话可说了。"

妮娜："我帮不了你，杰克，萧克吼一嗓子半条街都听见了，只有你例外。"

……

"我该怎么办？我想7点之前赶到科学馆，至少比凯瑞得到的早。"

桑德拉："哦，我们的确应该想个办法，让杰克摘掉'迟到大王'的帽子。"

桑德拉："请把那根牙线抻直了，好吗？因为桑德拉要在上面涂一层蜡。"

杰克把牙线抻得直直的，看桑德拉拿着蜡烛在线上来回地蹭。

桑德拉："把牙线穿在缝衣针上，杰克，把纸杯子扣过来，让针和线一起穿进杯底。"

桑德拉："留个线头在外面，杰克，用它把牙签固定在倒扣的杯底上。"

杰克卸掉缝衣针，倒扣杯子，用线头把牙签系上了，系得很结实。

桑德拉："它的嗓门有可能超越大公鸡萧克，你需要捂上耳朵吗，宝贝？"

杰克："没关系，萧克都不能吵醒我，我想，我真的不需要怕它。"

当桑德拉用两根指头夹住牙线，并且向下滑动手指的时候，杯子果然开始大声吼叫了。天哪，声音真够大的，就连杰克都被吓了一跳。

杰克："纸杯子明明是不会出声的，摔在地上都不想吭声，它现在为什么要大吼大叫呢？"

桑德拉："那是因为手指滑动牙线的时候，产生了摩擦，而纸杯子又将摩擦的声音扩大了。对了，亲爱的，其实这种发声方式和小提琴差不多。"

"为什么还要给线绳涂蜡呢？"妮娜问。

桑德拉："涂蜡是为了增大摩擦力，让杯子发出的声音更大，否则它怎么可能喊醒杰克呢？"

丁零零乐声哪去了

　　"这是个铃铛，一个能够丁零零响的小铜铃铛，哥们儿，你愿意替它做证吗？"凯瑞得扭头看着身边的杰克说。

　　"好吧，目前来看，它的确是个铃铛。"杰克拍拍胸脯，向全班同学打了包票。

　　凯瑞得："既然杰克说它是个铃铛，我们这就来验证一下，你同意吧，兄弟？"

　　凯瑞得钻到大讲台底下，杰克也想钻进去看，可凯瑞得就是不让看。

　　……

　　凯瑞得："杰克，你还认为它是个铃铛吗？"

　　说着，凯瑞得使劲晃了晃手上的罐子，但是谁也没听到那小家伙再丁零零响了。

桑德拉："铃铛不响了？听起来像一起神秘事件。你有铃铛和密封罐吗，杰克？"

杰克一阵风似的去了又回，一手举着一个有密封盖的塑料杯子，一手举着铃铛。

桑德拉："这根蜡烛饿了，它需要吃点空气，宝贝，借你的杯子用用好吗？"

桑德拉："对，就这样把杯子倒扣在烛火上，杰克注意监督小火苗，可不能让它偷偷惹了祸。"

杰克把塑料杯扣过来，让蜡烛在杯子中央燃烧了一会儿，后来它自行熄灭了。

桑德拉："把杯子立起来，再把小铃铛丢进去，迅速盖好杯盖。好了，乖儿子，可以让它们去水龙头下洗个冷水澡了。"

杰克："哇，你想把它冻得发烧，冻到说不出话，是这样吗，桑德拉？"

经过这么一番折腾，叮当作响的小铜铃终于哑口无言了。但是当杰克打开密封杯，还它自由之后……咦，铃铛的病好了？

杰克："响了，不响，又响了。天哪，它是故意的吗？"

桑德拉："亲爱的，你真的错怪了小铃铛。听着杰克，因为杯子里的空气被蜡烛吃掉了，所以铃铛喊破嗓子也没用。"

"可是桑德拉，我看不出铃声和空气有啥关系呀？"杰克问。

桑德拉："其实，乖儿子，你也可以认为，铃声需要乘坐空气机车飞到你的耳朵里。"

铃儿响叮当

可以是球形也可以是扁圆形的，可以挂在马儿的脖子上，也可以挂在圣诞树上……嗯，那就是摇一摇、丁零响的铃铛。

一百多年前的某个圣诞节前夕，波士顿有位大叔禁不住孩子们的央求，提笔写下了一首关于铃铛的歌谣。对了，它的名字就叫《铃儿响叮当》，直至今日仍旧脍炙人口。

铃铃铃和嗡嗡嗡

凯瑞得："相信我，哥们儿，昨天真的只是一场误会。"

"我可没法相信你，兄弟，你用坏铃铛骗我也就算了，你还欺骗了全班同学。"杰克摇摇头说。

凯瑞得："别那么小气，哥们儿，给你看这个。"他又掏出一个小铃铛在杰克面前晃。

杰克："又是铃铛？千万不要问我它会不会唱歌。"

凯瑞得："不哥们儿，它会唱，而且会唱两首曲子。"

……

铃铛真的唱歌了，先唱铃铃铃，后唱的是嗡嗡嗡。杰克听傻了。

凯瑞得："这就是来自火星的神奇礼物，现在你信了吗，兄弟？"

桑德拉："火星叔叔送的礼物？火星铃铛没有，地球小风铃倒好像有一个，杰克，你还记得它吗？"

杰克翻出了他的圆口小风铃，用双手递给桑德拉。

桑德拉："长得真像一口小铜钟，不错，就是它。宝贝，能把我的擀面杖请到现场吗？"

桑德拉："铃铛口朝下，用擀面杖沿着边缘蹭，一圈一圈地蹭。"

杰克一手提着铃铛的把，另一只手拿着擀面杖，在铃铛口上均匀滑动。

桑德拉："太棒了，亲爱的，蹭出嗡嗡声你就成功了。"

杰克："能行吗？据我所知，地球风铃从不会嗡嗡唱。"

　　杰克用擀面杖不断地蹭铃铛的边缘，终于蹭出了嗡嗡声。他停下来，用手摇晃铃铛。天哪，小铃铛竟然同时发出了两种不同的声响！

　　"我绝不可能一心二用，同时唱出两个调。为什么它就能办到呢？"杰克惊讶极了。

　　桑德拉："那是因为在这个一心二用的铃铛身上，同时发生了两种振动。听好了，乖儿子，来回蹭的动感还没消失，你的摇晃又开始

海豚音

真正的"海豚音"是海豚发出来，那是一种我们无法听到的超声波。

人类无法发出超声波，却很羡慕海豚的海豚音。后来，人们就借用"海豚音"来形容高音歌唱家所唱出的极高的音调。

了，所以它就发出了两种声音，其实它也很矛盾。"

杰克："明白了，也就是嗡嗡还没停铃铃又开始，难道你不想夸夸我吗？"

吓得灭了火！

　　"灭火了，是不是？杰克你看，它是被我吓灭的。"凯瑞得指着一根蜡烛说。

　　杰克："它是被吹灭的，虽然我还不知道你是怎么吹的。"

　　凯瑞得："哥们儿，不要忌妒嘛，你看机关就在这里，一个最先进的声控仪器。"

　　凯瑞得递给杰克一个纸筒，杰克举着它看了个够，妮娜也跟着看了半天。

　　妮娜："这就是卫生纸中间的纸筒嘛！"

　　"请原谅，老兄，我实在看不出你的声控仪器有多么先进。"杰克摆摆手说。

　　……

桑德拉："那样胆小的蜡烛，我也没见过。好了，杰克，把纸筒请上来吧。"

杰克找到一卷快用完的卫生纸，从那里得到了一个"声控仪"。

桑德拉："来吧，亲爱的，用保鲜膜把纸筒给堵上，两头都要堵。"

杰克："还不错，你看我粘得多平整，我还用了固体胶哦。"

桑德拉按了按粘在纸筒两个口上的保鲜膜，觉得它们还算牢固。

桑德拉："不错，杰克，拿起你的缝衣针，在纸筒一端的保鲜膜上扎个小孔。"

杰克："好的，这件事包在我身上！"

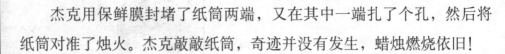

　　杰克用保鲜膜封堵了纸筒两端，又在其中一端扎了个孔，然后将纸筒对准了烛火。杰克敲敲纸筒，奇迹并没有发生，蜡烛燃烧依旧！

　　"哇，我已经没法面对凯瑞得了！为什么我们的声控器不管用？"杰克失望极了。

　　桑德拉："谁说的？乖儿子，把纸筒转过来，让有小孔的一头对着蜡烛，这回敲敲看。"

　　"天哪，蜡烛灭了！这和东南西北有关系吗？"杰克欢呼道。

　　桑德拉："声控器可不分东南西北。听着，杰克，当你敲击纸筒的时候，声音让筒内的空气发生了振动，空气发现前面有个小孔就赶

听不到鞭炮声

　　有时候你咳嗽一声，它亮了；也有时候，外面的鞭炮噼里啪啦响，它就是不亮。对了，它就是楼道里的"声控灯"。

　　事实上，声控灯这叫法并不准确，我们应该叫它声光控灯才对。

紧钻了出来。"

　　"其实是声音吓到了空气，空气吹灭了蜡烛。"妮娜明白了。

西红柿的音乐课

"杰克，音乐在哪里？"桑德拉望着杰克说。

"对不起，音箱坏了。"杰克一手提着收音机，一手举起那个没用的小箱子，无奈地说。

妮娜："你把它摔到了地上，别以为我没看到。"

"哦，杰克，你应该向全园的西红柿道歉，因为它们正眼巴巴地等着美妙的歌声响起来呢。"桑德拉指着菜园里刚刚结了绿果果的西红柿说。

杰克："哦，还是我来唱吧——虫儿飞虫儿飞……"

"难听死了，杰克，你想喊虫子来偷菜吗？"妮娜捂着耳朵说。

桑德拉："白纸，谁有白纸？只要一小块就可以。"

妮娜摸摸口袋，摸出了一沓便签条。

桑德拉："可以，就是它了，谁愿意帮个忙，帮我卷个小纸筒呢？要卷成喇叭形哦。"

杰克："我会我会，我总得做点什么，为满园的西红柿负责。"

杰克开始卷纸筒，把它卷成了一头尖一头圆的样子。

桑德拉："不错，乖儿子，请把你的小喇叭插在收音机上，就插进应该插音箱那个小孔里。"

杰克："是的，把那个小尖尖塞进去，完全没问题。"

杰克把喇叭形小纸筒的尖头插到了收音机的音箱插孔里，妮娜按下了开关键。天哪，收音机出声了，西红柿的音乐课开始了！

　　"不用音箱也能放音乐？之前我把音量调到最大也没用。天哪，桑德拉，你是怎样把声音骗出来的？"杰克摸着后脑勺问。

　　桑德拉："声音可是真心来给西红柿上课的，乖儿子，你要相信桑德拉，我没骗它们，只不过在你安装小纸筒之前，声音曾经迷失了方向。"

　　杰克："难道收音机里的声音是顺着纸筒爬上来的？"

会唱歌的怪物

　　早期的影剧院里，声音都是通过扩音机或扬声器传出来的，听起来总不那么真切悦耳。

　　德国科学家拜尔就琢磨起来：要是能分毫不差地将声音直接送到人们耳朵里就好了。终于有一天，拜耳把一个弧形、长着俩圆耳朵的怪物拿给朋友看。对，那个会唱歌的怪物就是全世界第一个耳机！

　　桑德拉："没错，杰克，音箱的插孔实际就是个小小的扬声器，但是它需要通过振动才能发出声音。"

　　"我明白了，有音箱振音箱，没音箱振纸片！"妮娜恍然大悟。

叽里咕噜大魔咒

　　"它是有魔力的，遇到不喜欢的人就会大喊大叫。"凯瑞得把一只手举到杰克鼻子底下，对他说了句没头没脑的话。

　　杰克摇摇头说："如果你说乌鸦会大喊大叫，我倒愿意相信。"

　　凯瑞得："你敢对它吹口气吗，这位武断的哥们儿？"

　　……

　　杰克开始吹气，对着凯瑞得的"魔力片片"吹，结果那东西真的发出了吱里哇啦、异常刺耳的尖叫声，这让杰克觉得难堪极了。

　　凯瑞得："没办法，老兄，它说它不喜欢你。"

桑德拉： "它竟然不喜欢杰克？真是很意外。看来我们需要模拟现场，探寻究竟了！"

杰克找来一小块玻璃纸，用手把它撑得平平的。

桑德拉： "稍稍躲远点，杰克，让我问问它是不是喜欢桑德拉。"

桑德拉： "好了，杰克，帮忙举着玻璃纸，桑德拉要对它吹气了。"

杰克将玻璃纸举到离桑德拉嘴边大约10厘米远的地方，亲眼看到它被热气吹到了。

杰克： "天哪，它真的没有对你大喊大叫。"

桑德拉： "靠近点，亲爱的，把玻璃纸举到桑德拉嘴边来，因为我们的考验还没结束。"

　　杰克将玻璃纸举了过来，桑德拉对着它一口接一口地吹气。果不其然，纸片不再保持沉默，它又唱了一曲吱里哇啦的怪调。

　　"天哪，它说它也不喜欢桑德拉！这是为什么？"杰克惊讶极了，他几乎是从椅子上蹿起来的。

　　桑德拉："唉，咱俩为啥成了不受欢迎的人？听着，杰克，秘密就是我们吹得太快了。"

　　杰克："哦，我们把纸片惹烦了，对不对？"

桑德拉："说得好，宝贝，因为它也厌烦被打扰。事实上，玻璃纸振动越快，它的调门就一定会越高，这和喜欢谁完全没关系。"

叽里哇啦，草也嫌

植物也是有耳朵的，例如小草，它们就特别特别讨厌噪声。

终于有一天，草的秘密被科学家们发现了，于是他们制造出一种除草器，每年小草发芽之前，人们就派那个机器出去乱喊乱叫。这样一来，草就不肯钻出地面了。

黑屋魔影

"黑屋魔影！胆小的兄弟，听到这个词你很害怕，对不对？"凯瑞得问杰克。

杰克："求你不要装神弄鬼好不好？我得回家做作业了，没时间陪你胡闹。"

"别走，哥们儿，他们都在看你，难道……"凯瑞得看看身边的同学，企图给杰克施加压力。

妮娜："什么黑屋魔影，我才不怕呢！我偏要看看。"

凯瑞得："好的，妮娜，我们走，让胆小的杰克去玩芭比娃娃好了。"

……

杰克真的没上钩，当凯瑞得他们去看魔影的时候，杰克就趴在窗外消息。

桑德拉："究竟是什么吓到杰克？好吧，我需要一个纸筒，还有一小块锡纸，杰克能完成任务吗？"

杰克点点头，一阵风似的跑了出去，不一会儿，又一阵风似的跑了回来，手里还拿着纸筒和锡纸。

还没等杰克站稳，妮娜就一把推开他，又拧又套地把那块锡纸裹在了纸筒的一头。

桑德拉："去吧，宝贝，把窗帘拉上，门关好，我们一起把魔影揪出来！"

杰克关上门窗，拉起窗帘，屋子一下子变黑了。

桑德拉："让堵着锡纸的一头朝向墙面，杰克用手电筒照锡纸，让它在墙壁上投个影。"

杰克："好的，影子已经出现了，可是看上去一点都不魔幻。"

桑德拉："耐心点，乖儿子，只要妈妈对它唱首歌，魔影就会现身了！"

53

　　桑德拉对着纸筒唱起歌，一会儿唱高音一会儿唱低音。对，她把纸筒当成麦克风了。更神奇的是，墙上的影子正随着歌声乱蹦乱跳！

　　"跳了跳了，魔影的舞蹈！不对，妈妈动了纸筒是不是？"杰克察觉了其中奥妙。

　　桑德拉："看好了，宝贝，纸筒被固定在三角架上，桑德拉绝对没碰它。"

　　妮娜："我可以做证，桑德拉真的没动纸筒！"

桑德拉："谢谢，亲爱的。其实纸筒的确是动了，它是被桑德拉的歌声给带动的。"

"投影的锡纸动了，所以影子一定会变样，就像我这样对吗？"杰克对着墙壁跳起了影子舞。

黑是黑白是白

黑白影子舞让我们重拾看黑白电影的感觉，这是彩色荧幕诞生之后非常难得的事情。

影子舞主要通过演员的肢体语言展现剧情，借助灯光等手段将人物形象投射到白色幕布上。对，很像真人版的皮影戏。

抑扬顿挫、纸做的琴

"你不觉得耳边有美妙琴声划过吗，哥们儿？"凯瑞得背对杰克问。

杰克："我的确听到了呜呜声，不过说实话，你弹琴的技术可不怎么样。"

凯瑞得："关键是我没有琴，却能演奏乐曲。这个，我猜你一定做不到。"

……

杰克像侦探一样，将凯瑞得浑身上下四个口袋翻了个遍，果真没发现什么乐器。

凯瑞得："兄弟，你这样的人注定和音乐无缘。把你的"杰克逊"借我听吧。"他一伸手就抢走了杰克手里的歌碟。

桑德拉："天哪，杰克，你闯祸了。"

杰克："所以，我们得尽快把它赎回来。"

桑德拉："白纸，能找张白纸来吗？快点，杰克。"

桑德拉："来了，杰克，我们玩个折纸游戏，转转你聪明的脑袋，把它折成手风琴的样子。"

杰克将白纸反复对折，折过来折过去，终于搞成了一个有好几条脊背、能自由拉动的手工玩具，还将它按得平平整整。

桑德拉："给我小剪刀，杰克，桑德拉要在你的手风琴上剪洞洞了，每个折缝剪一个洞。"

杰克拿过有洞的纸风琴，两手将它夹住送到嘴边，从洞洞对面向洞洞里吹风。

57

呜呜，果然听到了呜呜声！当杰克调整了纸风琴的折痕，让那些道道变得有高有低，他还可以吹出高低不同的呜呜声呢。

"口琴，纸做的口琴？我可以这样叫它吗，桑德拉？"杰克兴奋地说。

桑德拉："可以，宝贝，这个名字很棒！还不拿上它，把克里斯的歌碟换回来。"

杰克："可是，我需要搞清楚，为什么这个纸口琴会呜呜响？"

桑德拉："听着，杰克，当你冲着纸缝吹气的时候，相邻的纸片发生抖动，引起周围空气也跟着振动起来。当空气试图冲出洞洞的时候，乐声就出现了。"

钟表匠的副业

口琴是一种吹奏乐器，它是通过使金属簧片振动发出声音的。

由于小巧和操作简便，口琴传入欧洲后很快就赢得了大批音乐爱好者的青睐，其中包括一位名叫梅斯纳尔的钟表匠。可是吹口琴又没钱赚，于是梅斯纳尔灵机一动，改行制作口琴售卖，听说生意还不错。

哆来咪哆来咪

　　"我要表演一个什么样的节目，才能在第五街引起轰动呢？"杰克简直愁死了。

　　第五街要办居民联谊会了，凯瑞得会打拳，桑德拉和克里斯男女二重唱……只有杰克什么都不会。

　　"喵！杰克讲故事吧。"小狗、公鸡、小猫们都围坐在杰克身边似乎要听他讲故事。

桑德拉："萧克唱歌，杰克弹琴，第五街最佳拍档就要诞生了！宝贝，快把高脚杯拿来，看桑德拉是怎样为你们量身打造一套与众不同的乐器的。"

杰克抱来了8个高脚杯，却想不出它们有什么用。

桑德拉："要把8个杯子排成一字型，杰克帮个忙好吗？"

杰克将8个杯子排成了一排，然后拿着矿泉水听候吩咐。

桑德拉："倒水吧，亲爱的，依次多倒一点，让每个杯子的水量都不一样。"

杰克："好的，可是我还是看不出它们和乐器有啥关系。"

桑德拉递给杰克一根筷子，让他敲击高脚杯，就好像演奏打击乐那样。天哪，乐声悠扬，而且每个杯子唱的音符都不一样。

"好清脆的声音，我没听错吧，桑德拉？"杰克有点不相信自己的耳朵。

桑德拉："怎样，乖儿子，有信心带它们登上第五街大舞台吗？"

杰克："当然了，桑德拉，可是为什么，它们竟然还能唱出高低不同的音调来？"

桑德拉："听着杰克，高脚杯的声调高低与杯子中装了多少水有密切关

系，确切地说，水少声音高，水多声音小，所以你听到了哆来咪发……8个音阶。"

"如果我再灌点水，声音还会变化对不对？"杰克来劲了。

桑德拉："太对了，宝贝，或许你可以调试出12个全音阶呢。"

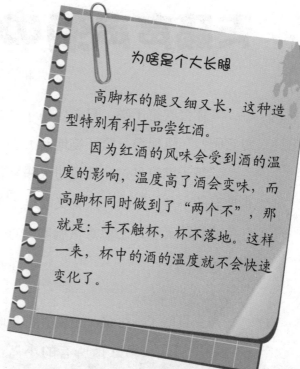

为啥是个大长腿

高脚杯的腿又细又长，这种造型特别有利于品尝红酒。

因为红酒的风味会受到酒的温度的影响，温度高了酒会变味，而高脚杯同时做到了"两个不"，那就是：手不触杯，杯不落地。这样一来，杯中的酒的温度就不会快速变化了。

天籁声声洞中来

"你会吹笛子吗，兄弟？笛子，就是那个有洞洞的竹筒，哦，你不会没见过它吧？"凯瑞得一脸坏笑地问杰克。

"笛子谁没见过，我见过长笛短笛，横能吹竖能吹，我吹笛子能招来第五街所有的小鸟。"唉，杰克又吹牛了。

"我的天哪，您愿意赏脸吹吹这个吗，音乐家杰克？"凯瑞得递给杰克一根"笛子"。

……

杰克真吹了，可是一个调儿都没吹出来。

"哥们儿，第五街所有的小鸟都来看你了，可是它们全都失望地飞走了。"凯瑞得真的没法不嘲笑杰克。

桑德拉："能说说你是怎样吹笛子的吗，杰克？"

因为没有笛子，杰克只能向桑德拉示意，他吹的的确是笛子的嘴。

桑德拉："笛子吹不出声音，听起来好奇怪。桑德拉没有真笛子，但是我们可以做个笛子，好吗，杰克？"

桑德拉："杰克把硬纸板卷起来，卷成圆筒，卷得像桑德拉的大拇指这么粗就可以了。"

杰克卷起了那张硬纸板，最终得到了一个长约20厘米、直径差不多2厘米的圆筒。

桑德拉："不错，宝贝，把锥子递给我，桑德拉负责给笛子打孔。"

杰克："看起来的确有点像笛子了，不过我很难相信，它能唱出声来。"

杰克开始吹笛子了，尽管纸筒笛子十分简陋，但是真的有声。当杰克不停变换手指的位置，堵住不同的笛子孔的时候，他听到的声音都是不同的。

　　"不过是个有洞洞的管嘛，它为什么能演奏美妙音乐呢？"杰克边听着收音机边问。

　　桑德拉："亲爱的，那是因为你的手指挡了路，你让吹进笛

子的空气不知道该去哪儿好了。"

杰克："我吹凯瑞得的笛子时根本没用手，所以我失败了，对吗？"

桑德拉："是的，宝贝，吹孔可是笛子发声的重要通道，如果一个都不堵住，就相当于对着空气吹。"

白白摔一跤

"一群兵踏上大桥，噼里啪啦！走正步，可是没过一会儿全掉下去了……"课间休息的时候，杰克讲了个故事。

"那座大桥是泥巴做的吗，哥们儿？哈哈哈——"凯瑞得带头，同学们全跟着哈哈大笑。

……

杰克："我该怎么办，桑德拉？我实在没办法证明那座桥是怎么塌的。"

桑德拉："那座桥的倒塌与脚步声有关。你愿意做个见证人吗，杰克？"

"不，我看还是算了。搞垮一座大桥，那个代价实在太惨重了。"杰克扭头打算跑掉。

桑德拉："好了，宝贝，两个杯子都需要加水。"

杰克给两个杯子都添了水，大约添到杯子高度三分之一的位置。

桑德拉："用筷子敲杯口，竖起耳朵。杰克，听听两个杯子发出的声音是否一样。"

桑德拉："现在桑德拉帮你加水，你只管听声音。"

杰克一手一根筷子敲着杯子，桑德拉只给一个杯子添水，直到两个杯子发出的声音一样为止。

桑德拉："好了，宝贝，将这根铁丝放到一个杯口上，然后敲打另一个杯子。"

杰克："好吧，虽然我还是没搞清楚这和大桥倒塌有啥关系。"

当杰克开始敲打杯子的时候，另一个杯子口上的铁丝开始跳舞。杰克挪动手里的杯子，靠近有铁丝的杯子，一边挪一边敲。

"哇，铁丝掉下来了！为什么，桑德拉？我真的没碰到它。"杰克问。

桑德拉："那是因为共振真的发生了。听着杰克，两个杯子发出的声音相

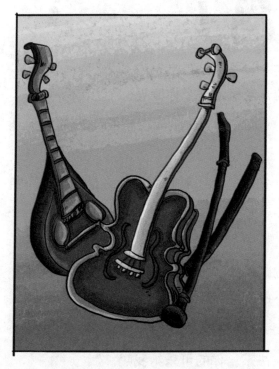

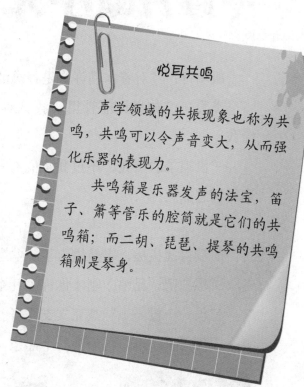

悦耳共鸣

声学领域的共振现象也称为共鸣，共鸣可以令声音变大，从而强化乐器的表现力。

共鸣箱是乐器发声的法宝，笛子、箫等管乐的腔筒就是它们的共鸣箱；而二胡、琵琶、提琴的共鸣箱则是琴身。

同，说明它们的振动频率是相同的。"

杰克："所以一个振另一个也振，不管我敲的是哪个杯子，你说的是这意思吗？"

桑德拉："没错，亲爱的，共振产生的力量可是超乎想象的。例如你故事里那群士兵，正由于他们的脚步实在太整齐了，于是产生共振，震塌了大桥。"

杰克："天哪，我已经不敢走路了。"

桑德拉："不怕，亲爱的，其实共振还可以产生美妙的音乐哦。"

千呼万唤小水晶！

凯瑞得："对着水晶许愿是很灵的，老兄，这个你懂吗？"

杰克："如果许愿管用，我就对着水晶说，请凯瑞得把吃下去的鸡腿还给我。"

"没追求的杰克。不过我真的有一盆水晶，想对它们说什么都随你。"凯瑞得诱惑杰克。

……

凯瑞得搓搓搓，果然搓出了一盆蹦蹦跳的"水晶"，杰克都看傻了。

"坦白吧，兄弟，刚才你许了几个愿？"凯瑞得问。

"没……没……"杰克支支吾吾。

凯瑞得："一口可乐换一个愿望，快来，你的可乐给我喝。"

桑德拉："天哪，你就是对着这盆水许的愿吗，杰克？"

杰克只用了一瓶可乐，就把凯瑞得的"水晶许愿盆"换回来了，然后乖乖交给了桑德拉。

杰克："没错，我从没见过那么多水晶，从水里跳出来的水晶。"

桑德拉："哦，杰克，水晶可不是从水里跳出来的。请跟我来，我们一起造水珠。"

杰克把两手搭在塑料水盆的沿上，盆里的水大约九成满。

桑德拉："好样的，杰克！两手大拇指用力，来回擦动盆沿，动作要快。"

杰克："快看，水晶！水珠跳出来了！"

73

当杰克摩擦盆沿的时候，水面先是出现波纹，接着波纹越来越密集。当杰克一直蹭下去时，水珠就跳出来了！

杰克："一颗颗小水珠，好像倒着下雨一样，你不觉得这很神奇吗？"

桑德拉："的确很神奇，但是如果没有你的帮助，这种神奇的现象是不可能出现的。听着杰克，你摩擦盆沿发出的声音在水盆中传播，让水发生了震动，这才把水珠震了出来。"

多彩水晶

　　作为一种稀有矿物，晶莹剔透的白水晶一直深受人们喜爱。

　　事实上，天然水晶中往往会掺杂其他矿物质，例如：金红石、云母、绿泥石等。这样一来，紫水晶、黄水晶、粉水晶……五颜六色的美丽水晶就出现了。

　　杰克："可是河里有水，杯子里也有水，那些地方为什么都不会跳出水珠呢？"

　　桑德拉："那是因为只有在容器固有频率和水的振动频率相同的情况下，水珠才可能脱离水体跳出来。"

　　"哦，凯瑞得又骗了我一瓶可乐，我还一口都没喝呢。"杰克捂着脸说。

床头闻鸟鸣

　　"怎么回事，难道我掉进鸟窝了……"大清早，杰克摸摸脑袋，一骨碌爬起来，原来他是被很多很多"小鸟"吵醒的。

　　杰克找来找去都没找到小鸟，却发现了藏在窗台下的凯瑞得和妮娜。

　　"你们听到鸟叫没有，好多好多鸟哦。"杰克还没从自己的梦里醒过来。

　　妮娜说："杰克，是我们来看你。"

　　……

桑德拉："快看，杰克，我好像找到了作案工具，没错，应该就是这个东西。"

杰克拿起了"工具"，那个看起来像是两个纸杯子的残骸。

杰克："就是它们发出了一群鸟的叫声？我真的没法相信。"

桑德拉："杰克，把纸杯扣过去，用裁纸刀在中间裁出一个三角形小洞。"

杰克小心地拿着裁纸刀，生怕划伤了小手，就这样在倒扣的纸杯底部划出一个三角洞。

桑德拉："把吸管粘上去，管口对着三角形洞的一个角。"

杰克："好了，还有个纸杯是干什么用的？"

77

剩下的那个纸杯和有洞洞的纸杯粘到一起，就成了一个怪模怪样的箱子。杰克对着粘在杯底的吸管使劲吹气，天哪，啾啾如鸟鸣！

　　杰克欢呼道："叫了叫了，鸟叫了！为什么？这只是很普通的吸管和纸杯呀。"

　　桑德拉："只要用得妙，普通的杯子也不再普通！听着，杰克，

我们把两个纸杯粘起来，就得到了一个相对密闭的小箱子，它会把声波困在里面，扩大之后再传出来。"

妮娜："我可以把它看成一把琴吗，就像吉他的肚子一样？"

桑德拉："没错，宝贝，就是这个意思。"

水哨咕嘟嘟

哨子不大声不小，所以用它召集人员集合，或者在体育比赛时发号施令非常管用。

其实还有一种哨子，有小狗形状的，也有小公鸡形状的，需要灌上水再吹，它可以发出好听的黄鹂鸣叫。对了，那就是水哨。

小喇叭 滴滴答

"凯瑞得快出来，我们踢球去吧！"杰克喊。

"等等我，杰克，我在等水开呢！"凯瑞得把脑袋伸出窗外说。

……

杰克陪着凯瑞得坐在厨房门口，一起等水开。

"兄弟，为什么把手搭在耳朵上，你在学麦兜吗？"杰克用手指头夹了夹凯瑞得的耳朵。

凯瑞得："谁学猪啊，搭在耳朵上是为了听清声音！我可不想把水壶烧干了。"

杰克："说呀，凯瑞得，就说我是麦兜！"他也把自己的手放到耳边。

凯瑞得："杰克是麦兜！"

……

桑德拉："哦，声音好像变大了？这样吧，杰克，你去找一张硬点的纸来。"

杰克找来了硬纸，其实就是一页宣传画册。

桑德拉："好了，亲爱的，用你的圆规在硬纸上画个圆，直径大约是20厘米。"

桑德拉："杰克，快把这个圆剪下来，其实我们只需要半个圆就好。"

杰克剪下了纸上的圆形，又将它对折一下，得到了桑德拉需要的半个圆。

桑德拉："太棒了，乖儿子，卷卷这个半圆，把它卷成喇叭形，好吗？"

杰克："没问题，看我的！卷好了还得粘起来，粘得像个冰激凌的蛋筒，是这样吗？"

杰克卷好了"喇叭"，用胶水把它粘起来，又把那个尖头剪掉了。然后，杰克把他的纸喇叭放在耳朵边，转来转去听声音。

"天哪，我听到了脚指头蹭鞋的声音！我可以去做调琴师了对不对，桑德拉？"杰克问。

桑德拉："哦，伟大的调琴师杰克！你能告诉我什么是耳廓吗？"

"你说的是它吗？"杰克摸摸桑德拉的耳朵说。

耳廓

外耳道

耳垂

耳大听八方

马的听觉非常灵敏，如果遇到有人从远处经过，它会很远就能听到声音。

马长了一对大耳朵，而且是会转的耳朵。这样一来，马就可以从空气中接收来自四面八方的、微小的声波了。

桑德拉："太棒了，亲爱的，耳廓就是我们通常所说的耳朵，它主要是负责收集声音的。"

杰克："明白了，这个喇叭纸筒让我的耳朵变大了，它帮我听到了更多的声音。"

马虎的医生

"一个轻伤员和一个重伤员，轻的瘸腿，重的倒地不起。说吧，哥们儿，你想演哪个？"凯瑞得问杰克。

杰克："不，我想演医生，我要救死扶伤！"

歌剧小组排节目，医生是主角，谁都想争取这个角色。

"天哪，大家看看，这白大褂像是为杰克准备的吗？它太大了。"凯瑞得举着那件白袍子向同学们示意。

"听诊器哪儿去了？凯瑞得，你把它弄丢了是吗！？"妮娜翻道具箱找东西，结果发现了一件大事情。

杰克："没办法，兄弟，你真的不是个称职的医生。"

……

桑德拉："听心跳？这很容易，杰克，去把我的小漏斗找来，要两个。"

杰克去了趟厨房，拿来了桑德拉倒油用的小漏斗，它和杰克的拳头差不多大。

桑德拉："哦，亲爱的，我们还需要一根胶管，要去哪里找一根胶管呢？"

杰克："气门芯！可以用自行车的气门芯吗？"

桑德拉："太棒了，宝贝，就用气门芯，大约半米长才够用。"

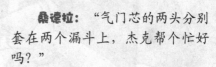

桑德拉："气门芯的两头分别套在两个漏斗上，杰克帮个忙好吗？"

杰克套一个，桑德拉套一个，两个漏斗被连在了一起。

杰克把一只漏斗扣在心口窝，另一只漏斗放在耳朵上，屏住呼吸听声音。天哪，他听到了咚咚咚的心跳声！

"天哪，我听到了自己的心跳！可是桑德拉，拿走了听诊器就听不到了吗？"杰克真搞不明白了。

桑德拉："你的小心脏一直在咚咚跳，可是这种声音要穿透身体的重重阻

碍才能传出来，所以就会变得十分微小。"

杰克："为什么你的听诊器能把声音变大呢？"

桑德拉："那是因为听诊器把声波聚在了漏斗里，影响了它们的扩散。"

百岁听诊器

世界上第一个听诊器自诞生至今，才一百多年历史。可是一百年之前人们也会生病，尤其是病人心脏出问题的时候，医生特别需要听听它是怎么跳的。

据说，以前的简易听诊器就是一条毛巾，把它团在心口帮忙听心跳，还挺管用的。

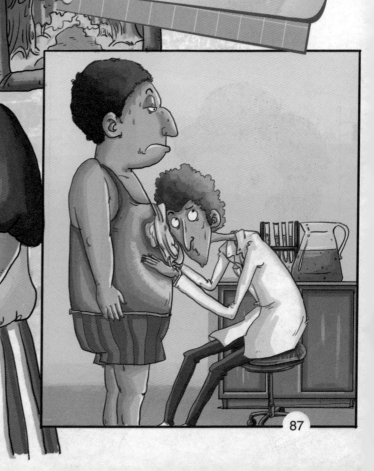

严重贬值的表

"我们成交了，好吗？两块钱给你。"凯瑞得把硬币塞在杰克手里。

杰克："两块不卖，它可是一块新手表，迪士尼新手表。"

凯瑞得："啊哈，迪士尼新手表，滴答声那么小，好像得了心脏病一样。"

"它只是有点累，一时懒得说话而已。"杰克替手表解释。

凯瑞得："如果到了明天，我只出一块五，你信吗老兄？"

……

"清脆的滴答声为什么越来越小？要知道我是很小心带着它的。"杰克一边看表一边诉苦。

桑德拉："滴答声变小了？宝贝儿，看我的，但是你能不能帮忙找块纸板来呢？"

杰克不仅找来了硬纸板，还把它对折一下，折成一个三角形小屋顶。

桑德拉："太棒了，杰克，把你的新手表放在小屋下，再用一本书挡住其中一个出口。"

桑德拉："好了，杰克，把手掌扣在耳朵上，准备收听滴答声吧。"

杰克用手捂住耳朵，脑袋歪向小纸屋，满心期待。

桑德拉："怎么样，宝贝？现在我要取走那本书，然后你再听听看。"

杰克："手表会不会滴答，和书有啥关系呢？"

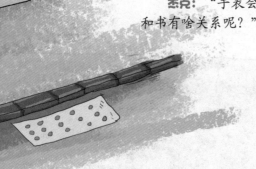

当书挡在纸板一端的时候，杰克清晰地听到了手表发出的滴答声。可是当桑德拉将书拿走那一刻，滴答声就减弱了。

"天哪，它又坏了！它的确得了心脏病，对不对？"杰克伤心地问。

桑德拉："哦，它的心脏真的很健康，只不过来自外界嘈杂的声音影响了我们耳朵的听觉。"

杰克："可是刚才明明听得很清楚啊？"

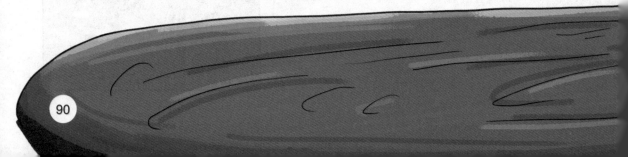

桑德拉"那是因为挡在背后的书起了作用，它将原本很小的滴答声弹了回来。听着杰克，声音传播是需要能量的，所以跑得越远越没力气。"

杰克："明白了，如果滴答声不被书拦住，它就会一直跑，当它跑到耳朵里时已经有气无力了。"

手表的诞生

最早人们用怀表看时间。但是，曾经有位飞行员抱怨："我开飞机的时候根本不能把怀表掏出来看！"法国商人卡地亚灵机一动，给怀表安了两条带子，将它捆在了飞行员的手腕上。一块有表带的手表就这样诞生了，那是1904年的事。

瓶子音乐会

"太棒了，凯瑞得！"同学们欢呼喝彩，鼓掌鼓得"噼里啪啦"直响。

原来，凯瑞得开了一场瓶子音乐会，他竟然用一堆汽水瓶子吹奏出了《铃儿响叮当》，同学们激动得心潮澎湃。

"今年的文艺委员非我莫属，谁让我是音乐天才呢。怎么样，兄弟，你很赞同我的说法，对不对？"凯瑞得故意气杰克。

杰克："这，这算什么，我的绝活还没亮出来。"

……

杰克："不好了，如果不能在竞选大会上亮绝活，我想我会被笑死的。"

桑德拉："装水的瓶子能唱歌，桑德拉可不会为这件事情大惊小怪。杰克，你觉得吸管会唱歌吗？"

杰克跑了出去，转眼间抓了一大把吸管回来。

桑德拉："很好，杰克，现在拿起一根吸管，咬扁它的嘴，吹个调听听。"

杰克把吸管放在嘴边咬了咬，又吹了吹。

桑德拉："好了，换一根吸管，用剪刀剪掉一段，再咬再吹。"

杰克："声音好像变了，你听到了没有？"

杰克换了一根又一根，每根吸管都剪掉一段，剪得比上一根短一点。天哪，每一根吸管吹奏出的声音都不一样！

杰克："这就是吸管音乐会，对不对，亲爱的妈妈？"

桑德拉："太对了，杰克，因为你把吸管咬扁了，使得嘴里吹出的气流不能正常通过，所以它唱歌了。"

杰克："可是妈妈，声音为什么有高有低、有大有小呢？"

桑德拉："听着，杰克，那是因为它们肚子的大小不一样；而音乐家会说，它们的共鸣腔大小不一样。"

杰克："明白了，凯瑞得的汽水瓶子也有很多种共鸣腔，因为他给每个瓶子装的水都不一样多。"

高中低音

不仅男声和女声存在差异，即使是同一个人，在不同年龄阶段，唱歌或说话的声音都是不同的。

通常来讲，如果一个人的声带比较薄，他发出的声音，也就是音域会高一些。声乐领域所说的女高音、女中音、女低音、男高音、男中音和男低音，就是以人的音域的高低为标准进行划分的。

憋坏了收音机

"这是一个正常的收音机，你听到它唱歌了，对不对？"凯瑞得问杰克。

杰克："收音机当然会唱歌，不会唱歌的是石头。"

凯瑞得："我能让它变得哑口无言，你信吗，兄弟？"

杰克："我也能，如果你同意让我给它浇点水。"

……

凯瑞得背对杰克，用一块布晃了一下，收音机果然没声了，当他把布拿开，收音机又出声了。

妮娜："干吗背对我们，你一定有不可告人的秘密，就藏在那块布里。"

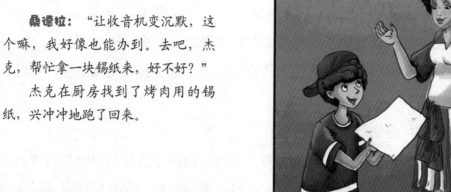

　　桑德拉："让收音机变沉默，这个嘛，我好像也能办到。去吧，杰克，帮忙拿一块锡纸来，好不好？"

　　杰克在厨房找到了烤肉用的锡纸，兴冲冲地跑了回来。

　　桑德拉："干得好，杰克，剪下一块锡纸，用它给你的收音机搭个棚子。"

　　杰克比比画画量了尺寸，然后剪下一大块锡纸，卷一卷，刚好把收音机扣住。

　　桑德拉："太棒了，亲爱的！让收音机唱起来，趁着歌声嘹亮，将它送到棚子底下。"

　　杰克："哦，你想用棚子盖住歌声是吗？"

杰克很怀疑那个锡纸棚子是否有用，但是当他把唱着歌的收音机扣住的时候，那玩意真的不唱了。杰克拿开棚子，它又唱了！

　　杰克："哇，你发明了一种消音器！这是怎么回事？"

　　桑德拉："因为藏在锡纸底下的收音机根本无法接收无线电波，所以声音消失了。"

　　杰克："可是锡纸很薄很薄啊！"

　　桑德拉："这和薄厚完全没关系，宝贝，阻隔电波只是锡纸材料所具备的一种特性。杰克再想想，当汽车开过隧道的时候，车载广播是不是也

会突然没声音？"

杰克："我明白了，那是因为电波被隧道挡住了。"

"在这里，在这里！"妮娜翻遍了凯瑞得的那块魔力桌布，终于在上面找到了一块银亮银亮的片片。

想唱就唱！

"哦，树叶能当哨子吹，桌子就是我的鼓，我现在看什么都像乐器。你一定很忌妒像我这样的天才，对不对？"凯瑞得炫耀道。

杰克："吹牛也是一种乐器，吹拉弹唱的吹。"

凯瑞得："你明明就是忌妒，不服气的话，我们可以比一比。"

"你能用它当乐器吗？"杰克摸摸口袋，摸出一个装糖豆的小瓶子。

凯瑞得："你能吗？哥们儿，其实为难别人等于跟自己过不去。"

……

杰克："我口袋里只有这个，我该怎么办？"

桑德拉："你的小瓶子需要改造一下，杰克，让桑德拉帮你把瓶嘴切掉好吗？"

杰克交出了小瓶子，看桑德拉用裁纸刀切瓶子，切成了上下一般粗的形状。

桑德拉："从瓶口下手，剪个长条小豁口出来，能帮个忙吗，杰克？"

杰克把剪刀伸向瓶口，剪出的豁口只有吸管直径的一半那么宽，长度大约是瓶子高度的一半。

桑德拉："不错，亲爱的，把吸管的一头捏扁，再把它塞进瓶子的豁口里。"

杰克："好的，还要用胶布把吸管粘在瓶子上，对不对？"

桑德拉："对的，杰克，吸管不要完全堵死了豁口哦。"

经过一番改造，小小塑料瓶和吸管变了样，变得好像一把奶粉勺了。杰克对着吸管吹，果然吹出了声响。

杰克："哇，桑德拉，瓶子还会变声呢！"

桑德拉："当然了，宝贝，只要你捏动瓶子，让它的形状发生改变，声音也会随之改变的。"

杰克："为什么，难道声音被挤疼了吗？"

身长一尺八

吹奏乐器的种类很多，例如笛、笙、箫，还有唢呐等。

但是有一种吹奏乐器的名字很特别，它叫"尺八"。对了，其实尺八也是箫家族的一员，只不过由于它的长度恰为一尺八寸，由此而得名。

桑德拉："其实你也可以认为，声音是被挤得高兴了！听着，亲爱的，小瓶子之所以能够奏乐，是由于你吹出的气流撞到了瓶壁，撞的方式不同，发出的声音也就不同。"

不及格真好笑

"天哪，杰克，你竟然没及格！"这个消息对于凯瑞得的震撼，就像科学家发现新的小行星一样。

"因为鞋带开了，鞋带开了怎么能跑步呢？"杰克辩解道。

凯瑞得："我不信，我有测谎仪，你敢试试吗？"

……

"就是它，如果你说真话，它会保持沉默；否则……"凯瑞得指着一个汽水瓶说。

"我的鞋带开了，所以跑不快！"杰克对着瓶子大声喊。

咯咯……咯咯咯……那个瓶子竟然笑个没完没了了，把杰克笑得脸都红成大苹果了。

桑德拉："哦，它怎么可以嘲笑人呢？这里头有奥妙，你信吗，杰克？"

杰克："没错，你一定要相信我没说假话，可是我怎样才能证明呢？"

桑德拉："别喝了，杰克，把剩下的半瓶可乐放到冰箱里，冻出冰碴再取回来。"

为了尽快洗刷说谎的恶名，杰克拎起可乐飞跑，把它送进了冷冻室。

桑德拉："的确是冻上了，现在，拧开可乐瓶盖，但是不要从瓶口把它取下来。"

杰克："拧好了，然后我该怎么办？"

105

咯咯咯

杰克用热乎乎的小手捂着可乐瓶，没一会儿就有动静了。天哪，它又发出了咯咯咯咯的笑声，好像在嘲笑杰克一样。

杰克："不，它也在笑，难道我彻底失信了吗？"

"不是这样的，乖儿子，它只是想证实，你又被凯瑞得捉弄了。"桑德拉搂着伤心的杰克，想要安慰他。

杰克："什么什么？笑声是从哪儿来的，我是怎么被捉弄的？"

千万别惹我

我们都知道，雄鸡唱三唱天就要亮了，其实大公鸡白天也会啼鸣的。

白天里，一只大公鸡平均每小时都要吼一下嗓子，那是因为它要提醒家里的母鸡和小鸡，它才是一家之主。另外，它也以啼鸣的方式警告别家的公鸡，不许跟它争地盘。

桑德拉："听着，杰克，先前可乐在冰箱里冻得要命，所以当你用手捂着它的时候，其中的空气变热膨胀，急于冲出瓶口。"

杰克："我明白了，瓶盖想跑跑不动，所以一跳一跳地发出了咯咯声。"

失去了联系

　　桑德拉："放心，宝贝，桑德拉和闹钟说好了，请它一定要狠狠吵醒你的爸爸克里斯。"

　　杰克："天哪，恐怕闹钟也无能为力。"

　　妮娜："我的天，你把克里斯交给了闹钟。杰克，你还是死心吧。"

　　今天有场足球赛，杰克美滋滋地穿上了18号球衣。但是比赛都快开始了，一贯爱睡懒觉的爸爸克里斯却一直没出现。

　　"喂，18号，看我家的啦啦队。"凯瑞得指着他的爷爷、外公、叔叔，向杰克炫耀。

　　……

桑德拉："我是言而有信的，对吗，杰克？快去找个塑料盒子来，我们一起见证闹钟有多闹腾。"

杰克找来一个空的密封盒。

桑德拉："不错，亲爱的，让闹钟闹起来，但是音量不要放太大。"

杰克调好了闹钟，让它发出了细弱的铃铃声。

桑德拉："好了，杰克，请把这个细声细气的闹钟放在塑料盒盖上。"

杰克："好吧，虽然我不知道这么做是为什么。"

就是这样，为了不被闹钟吵醒，克里斯总让它唱低音。但是，当低音闹钟站到塑料盒上，立刻变得雄赳赳气昂昂了。

杰克："哇，闹钟的嗓门变大了！为什么，是因为它站对了地方吗？"

桑德拉："没错，宝贝，响铃的闹钟在发生振动的同时，也带动了它脚下的塑料盒，塑料盒又去叩击桌面，这种声响可小不了。"

克里斯："天哪，你可真有办法，从今往后我再也不会把手机挨着塑料盒放了。"

大哥大

1973年4月的一天，有人站在曼哈顿街头对着一个"大方块"讲话，引来好多人围观看热闹。截至目前，"大方块"已经走进了千家万户，只是个头变小了。

对了，那就是手机，当年俗称大哥大，发明他的人叫马丁·库帕，曾经是摩托罗拉公司的技术工程师。

"手机和塑料盒又有什么关系？"
杰克又有了新发现。

妮娜："听啊，吵死人了！"

无辜花瓶遭了殃

"快看快看，桑德拉姨妈来看花瓶了！"妮娜捧着一个红艳艳的漂亮小花瓶，兴高采烈地跑了进来。

咚咚锵……咚锵……哗啦！

妮娜突然大叫："杰克！我恨你！"

原来杰克正在练架子鼓，妮娜恰好在这时冲进了屋子，然后她的花瓶就摔到了地上，碎了。

杰克："你在那儿，而我在这儿，所以真不是我干的。"

妮娜："可是它在我手上晃晃就掉了，这屋子里明明没有第三个人！"

……

桑德拉："也许，架子鼓才是罪魁祸首，是它把花瓶吓掉了。"

桑德拉：“为了证明杰克是无辜的，我们需要搞点肥皂水，妮娜愿意帮个忙吗？”

妮娜找来一个小碗，用半碗水和匀了一些皂粉，这项工作就完成了。

杰克：“铁丝来了，它能用来做什么？”

桑德拉：“哦，亲爱的，它是个优秀的泡泡发生器，你能把它弯成球拍形吗？”

杰克先把铁丝弯成一个圆，又给这个圆留了个尾巴，圆形比装肥皂水的碗口小一点。

桑德拉：“妮娜用发生器蘸一点肥皂水，杰克准备吹喇叭。”

杰克：“亲爱的妈妈，我要怎么吹呢，胡乱吹就可以吗？”

妮娜用那个球拍形发生器蘸了一张肥皂薄膜，杰克站在一米开外吹喇叭，冲着肥皂薄膜的方向吹。

妮娜："天哪，它忽闪忽闪的，好像在动！"

杰克："嗯，如果你不说，我还以为自己眼花了。我没碰到那玩意儿，桑德拉可以做证！"

桑德拉："当然了，宝贝，因为妈妈知道，是喇叭发出的声波推动了肥皂薄膜。"

杰克："花瓶被架子鼓的巨大声波给震撼了，所以它从妮娜手里掉了下

来，是这样吗？”

桑德拉：“很好，亲爱的，你亲眼看到了声波的能量，大爆炸能够震碎玻璃，其实也是这个道理。”

爵士的鼓

起源于美国的爵士鼓是一种组合性打击乐器，外表看上去，就是一排架子上挂着很多鼓。

其实"爵士"是一位黑人乐手的名字，其全名为爵士波·布朗。当年布朗一边打鼓一边唱，效果棒极了，底下听众们时常欢呼："爵士，再来一个！"对，爵士乐和爵士鼓就这么得名了。

隔墙有耳

　　"它会学话，而且一字不漏，哥们儿，你信不信？"凯瑞得指着一块木头问杰克。

　　杰克："木头会说话？哈哈哈，我说隔壁小猪会背诗，哥们儿你信吗？"

　　凯瑞得："好好听听，老兄，然后告诉我MP3唱的什么歌。"

　　……

　　"没听见，那么小声，谁听得见？"杰克认真听了，可是由于音量太小，他的确没听清。

　　妮娜："我也听不见。"

　　凯瑞得："过来二位，耳朵贴着这块木头再听，它会告诉你MP3唱的是什么！"

　　……

桑德拉："这就是一块木头，相信我，杰克，桑德拉不会看错的。"

杰克："可是我就是没法相信木头会唱歌。"

桑德拉："来吧，杰克，请坐到木桌子前的那把椅子上。"

桑德拉："妮娜帮个忙，用手指敲敲桌腿，杰克负责听。"

杰克："哦，听到了，可是声音好小啊，妮娜太没力气了。"

桑德拉："杰克，把耳朵贴在桌面上，妮娜再敲桌腿，还是轻轻地敲哦。"

杰克："声音好像变大了，你也来听听。"

杰克的耳朵离开桌面，妮娜继续敲，声音又变弱了。现在杰克相信了，如果耳朵贴在木头桌面上，的确可以听到更清晰的声音。

杰克："妮娜敲桌腿的声音怎么会忽大忽小呢？"

桑德拉："那是因为木头质地细密，分子间的距离小，所以对于声音来说，它是一种非常好的传播介质。"

杰克："如果我把耳朵贴在墙壁上呢？"

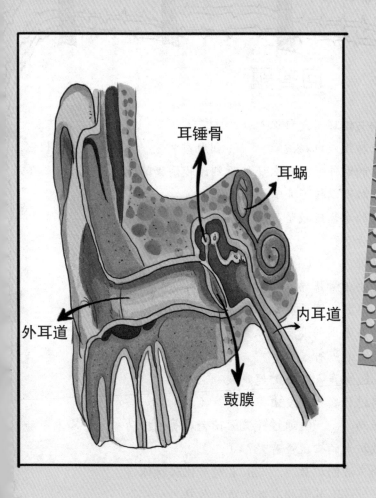

耳锤骨

耳蜗

外耳道

内耳道

鼓膜

桑德拉："听着，宝贝，绝大多数固体材料传播声音的能力都好于空气。"

妮娜："快走，杰克，我们找凯瑞得算账去！"

"对呀，他用这块破木头换了我一包花生豆！"杰克后悔极了，一个劲儿地拍脑袋。

问答题

1. 电话可以长距离传输声音的关键环节是什么？（   ）

    A. 利用电能　　　　B. 将声音转化成电磁波　　　　C. 利用声能　　　　D. 利用先进仪器

2. 当你堵上耳朵叩击自己牙齿的时候，为什么还能听到比较清晰的叩齿声音？（   ）

    A. 叩击比较用力　　　　B. 骨骼可以传递声音

    C. 我的听力特别好　　　　D. 我的牙齿比较坚硬

3. 蟋蟀是通过什么方式发出声音的？（   ）

    A. 摩擦翅膀　　　　B. 振动声带　　　　C. 大喊　　　　D. 摩擦牙齿

4. 如下哪种情况会导致声音无法正常传播？（   ）

    A. 声源周围没有水　　　　B. 声源周围没有空气

    C. 声源周围没有固体　　　　D. 声源周围没有液体

5. 真正的"海豚音"是海豚发出的一种（   ）。

    A. 声音　　　　B. 乐音　　　　C. 噪声　　　　D. 超声波

6. 作为吹奏乐器的口琴，是通过什么方式发出声音的？（   ）

    A. 气流振动　　　　B. 空气振动　　　　C. 通过气流驱使金属簧片振动　　　　D. 琴体振动

7. 为什么通过听诊器能听到被扩大的心跳声音呢？（   ）

    A. 听诊器妨碍了心跳产生的声波的扩散　　　　B. 其材质比较特殊

    C. 其结构有利于声波传递　　　　D. 其形状有助于声音收拢

8. 为什么在空气里传播的声音，会随着传播距离的递增而变小？（   ）

    A. 我们耳朵的听力发生了变化　　　　B. 声波传递的同时，自身能量不断损失

    C. 声波的震荡减弱了　　　　D. 声波扩散消失了

9. 下列哪种情况初步具备了发生共振的条件？（   ）

    A. 两个一模一样的玻璃杯中装有等量的水

    B. 两个形状不一的玻璃杯中装有等量的水

    C. 两个一模一样的玻璃杯中装有不等量的水

    D. 两个形状不一的玻璃杯中装有不等量的水

10. 声音在空气里传播的能力（   ）其在固体材料中的传播能力。

    A. 好于　　　　B. 低于　　　　C. 等于　　　　D. 约等于